跟上达尔文的脚步

影响世界的发明发现

洋洋兔 编绘

石油工业出版社

图书在版编目（ＣＩＰ）数据

跟上达尔文的脚步 / 洋洋兔编绘.— 北京：石油
工业出版社, 2022.10
（影响世界的发明发现）
ISBN 978-7-5183-5592-1

Ⅰ.①跟… Ⅱ.①洋… Ⅲ.①科学发现—世界—青少
年读物②创造发明—世界—青少年读物 Ⅳ.①N19-49

中国版本图书馆CIP数据核字(2022)第167739号

跟上达尔文的脚步

洋洋兔 编绘

策划编辑：王昕 黄晓林
责任编辑：黄晓林 王之源
责任校对：罗彩霞
出版发行：石油工业出版社
　　　　　（北京安定门外安华里2区1号 100011）
　　　　网　　址：www.petropub.com
　　　　编辑部：(010)64523616　64252031
　　　　图书营销中心：(010)64523731　64523633
经　　销：全国各地新华书店
印　　刷：河北朗祥印刷有限公司

2022年10月第1版　　2022年10月第1次印刷
889毫米×1194毫米　开本: 1/16　印张: 3
字数：40千字

定　　价：40.00元
（图书出现印装质量问题，我社图书营销中心负责调换）

前言

小朋友，你上下学搭乘什么交通工具呢？平常是打电话还是用电脑和朋友们联系呢？去超市买东西，你是用现金还是刷二维码支付呢？

生活中的这些东西，在你看来是不是特别熟悉和简单？其实，它们的出现可大有一番来头呢！

在很久以前，我们的祖先生活在大自然里，那时他们刚从古人猿进化而来，不会说话，只能靠采摘野果存活，没有厚厚的皮毛保暖，遇到稍微厉害一点儿的野兽就打不过，需要大家齐心协力才有机会捕猎成功。

古人通过观察思考，受雷电启发，发明了人工取火，用来烤熟食物和取暖；发明了石器，用来打猎、做活；发明了陶器，用来盛东西；还学会了种植，发展了农业，逐渐摆脱饥饿……

他们在一次次的合作中，发明了语言，让彼此更容易交流；因为出现了要记录事物的需求，就发明出文字、数字、纸张和印刷术等东西。我们现在出门可搭载的船、车、飞机，甚至日常生活离不开的电话、手机、电脑等物件，都是前人们绞尽脑汁发明出来的。它们给我们的生活提供了方便，让我们的生活越来越好，但你知道它们到底是怎么出现在这个世界上的吗？

本套书**精选了40个**对人类社会有着深刻影响的**发明发现**，

用可爱的图文、**多格漫画故事方式**，

深入浅出地讲述了人类**为什么需要**发明它们，

它们**是如何被**发明或发现的，

以及它们的原理是什么，

对人类**造成了怎样的影响**，

现在**又有哪些**应用等问题。

这并不是一套可以解决你所有疑惑的百科词典，但翻开这套书，

你将会从一个全新的角度，了解这些伟大的发明发现。

如果你也好奇，那就跟着朵朵和灿烂一起，去探索这些伟大的发明发现吧！

开篇故事

"叮咚——"

灿烂给朵朵送来了新的快递。

显微镜 1590 年

● **发明路径** 显微镜的偶然发明 → 列文虎克改良显微镜 → 发现微观世界 → 重要意义

我们眼前的世界，缤纷多彩。但你知道吗？在我们肉眼看不到的地方，还有一个同样有趣的"微观世界"。

全神贯注的两个小鬼根本就没有注意到父亲已经回家。詹森没有责备他们，而是好奇地拿起了铜管观看。

果然是放大了好多倍呢！

根据孩子们的发现，詹森制造出了一台能够把物体放大许多倍的仪器。

自此，显微镜诞生了。

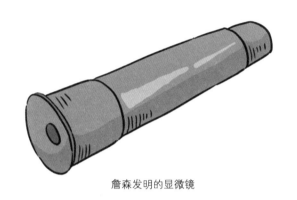

詹森发明的显微镜

这是世界上第一台显微镜，放大倍数可以达到10~30倍，把一块橡皮放在显微镜下，显得有铅笔盒那么大！

这台显微镜由两个凸透镜构成，根据凸透镜能够倒立、放大成像的光学原理制成。虽然它的制作工艺粗糙，放大倍数有限，但还是成为当时不折不扣的"高科技"！

那也没多大呀……

别想得那么简单，万事开头难！

是放大了不少，可微观的世界在哪呢？看不到呀！

这台显微镜还不足以认识微观世界呢！

几十年以后，一名荷兰的年轻人开始对显微镜有了兴趣，他就是列文虎克。

列文虎克是个贫穷的小伙子，他买不起昂贵的显微镜，于是打算自己做一台出来。

加油！你一定能成功！

这么晚了，该睡觉了……

功夫不负有心人，在1674年，列文虎克终于磨制出了一块直径只有3毫米的凸透镜。后来，他更是精益求精，磨出的显微镜的镜片能够将物体成像放大300倍！

我终于成功啦！

看起来有点简陋，能行吗？

当然了！奥秘都在里面呢！

安东尼·列文虎克（1632—1723），荷兰显微镜学家、微生物学的开拓者，用显微镜首次发现了微生物。他一生磨制了500多个镜片，研制了400多种显微镜，至今还有9种显微镜仍被人使用。

1675年的一个下雨天，列文虎克跑到院子里庆祝，他顺手接了一杯雨水，放到显微镜下观察。

在显微镜下，列文虎克发现了有众多的小生物在蠕动，他敏锐地想到了，这是一个由微生物组成的微观世界。从此，列文虎克为人类打开了微观世界的大门。

看到没，这就是微观世界！

这……雨水里都是一个小天地呢！

罗伯特·胡克的显微镜

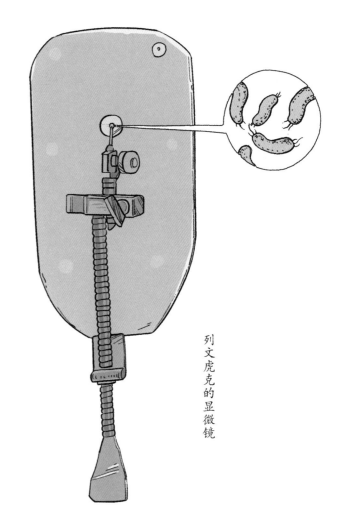
列文虎克的显微镜

为了表彰列文虎克的伟大发现，英国皇家学会在1680年把列文虎克选为会员。

显微镜的发明，帮助人类认识了之前从未发现的微观世界。人类渐渐认识到微生物对人类的帮助和危害，使人类在生命科学、医学、农业、材料科学等许多领域都取得了重大的成果，大大促进了社会文明的进程。

要成功一项事业，必须花掉毕生的时间。

列文虎克

细 胞 1665 年

● 发现路径　胡克发现、命名细胞 → 列文虎克发现活细胞
↓
施莱登、施旺研究动、植物细胞 → 细胞学说建立

17世纪以前，人类对生物的研究还停留在它们的形态、结构上。

显微镜的出现，终结了这种"肤浅"的研究方式。1665年，英国科学家罗伯特·胡克把软木塞切成片，放在显微镜下观看。

胡克发现，软木塞的切片上有一个个紧密相连的小格子，就像那种单人间一样。

软木塞主要是由栓树皮制成的，弹性很好，适合密封用！

确实挺像一间间的小屋子。

有了，我干脆就把它叫"单间"好了，多形象！

胡克干脆就把这些一个一个的小格子叫做"单间"（cell），翻译过来就是细胞的意思。

不过，胡克观察到的细胞其实已经死亡。最早发现活细胞的，是荷兰的列文虎克。

我才是第一个看到活细胞的人哦！

1674年，列文虎克把水滴放在显微镜下观察，发现了活着的水绵细胞。

给我也看看吧！细胞到底是什么样子的？

嘘！别出声，现在不要打扰他！

此后两百多年，科学家们一直没有停下来对细胞的探索。

施莱登

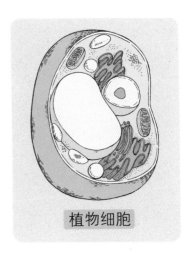

植物细胞

1838年，德国科学家施莱登通过对植物的观察，确定了细胞是组成植物的基本单位。

细胞就是组成植物的基本单位！

1839年，另一位德国科学家施旺，得出了动物的身体也是由细胞构成的结论。

施莱登和施旺共同建立的"细胞学说"，是19世纪最重要的自然科学发现！

看起来动物、植物细胞挺像的，可细胞内部是怎么生活的呢？

其实，就和工厂里的生产差不多。

动物细胞

每一个生物科学问题的答案都必须在细胞中寻找。

E.B.威尔逊

原来，每一个细胞里面，都像一个小小的"工厂"。"工厂"里有各种各样的生产线，人们给它们取名为细胞器，意思是它们相当于细胞的器官。

 细胞里面看似很复杂，其实可是井井有条哦！

 一个细胞，就是一个小世界呢！

一代代的科学家对于细胞的不懈研究，证明了植物和动物都是从细胞开始的，揭开了生命的密码，对于生物和医疗领域的发展也具有着重要意义。

11

细菌 1676 年

● 发现路径　列文虎克发现细菌 → 发现细菌与疾病、食物变质的关系 → 认识细菌
↓
利用细菌

1676年，一次偶然的机会，列文虎克在显微镜下发现了一种奇怪的家伙，它由一个细胞构成，存在于各个角落，哪里都有它的影踪！

唉！这是什么东西，怎么哪里都有它呀？

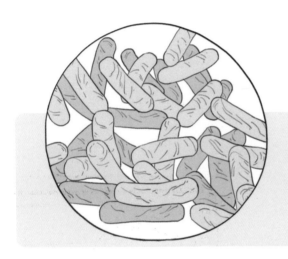

这个无处不在的家伙长得就像一根棍子，科学家干脆就叫它"棍子"。"棍子"就是今天的主人公——细菌！

随着不断地调查研究，除了棍状的杆菌外，科学家还发现了像皮球一样的球菌，和螺旋状的螺旋菌，这就是细菌的三种形状。

说起来，我们可是地球最早的住户！

这个时候，地球还是一个"水世界"呢，根本没有陆地！

是够早的。

早在人类还没有出现的几十亿年之前，细菌这种肉眼看不见的家伙就在地球上"兴风作浪"了。

直到19世纪，人们才发现细菌和疾病的关系。

1840年，德国科学家雅各布·亨利提出了细菌可能是传染病发生的元凶。不久后，法国化学家路易·巴斯德也提出了同样的观点。

科学家发现，只要是有生命存在的地方，就有细菌的存在。许多疾病就是由细菌导致的，比如肺结核、鼠疫等。

与此同时，人类对于细菌的认识也越来越深，更多的细菌走进了人类的视线。

卟啉单胞菌　　放射菌　　普雷沃菌　　肠杆菌　　韦荣球菌　　唾液链球菌

肠球菌　　假丝酵母菌　　缓症链球菌　　奈瑟氏球菌　　口腔链球菌　　细菌图鉴

除了引发疾病以外，细菌还会导致食物变质，难道人类对此就真的没有办法了吗？巴斯德不信这个"邪"。

巴斯德发明出一种低温加热的方法：将酒缓缓地加热到55℃再密封，就可以保证酒不会变质，也不影响酒的风味。

后来，这一方法被广泛应用于对牛奶等食物的杀菌。只要经过这样的操作，人们就不用担心会吃坏肚子。

 这就是著名的"巴氏消毒法"！

原来这就是牛奶盒上写的"巴氏消毒法"的来历呀！

为了避免细菌"扰乱"我们的生活，我们要注意卫生，勤洗手，多通风，才能少受细菌的侵害。

其实，细菌并不都是对人类有害，有一些还是人类的朋友呢！

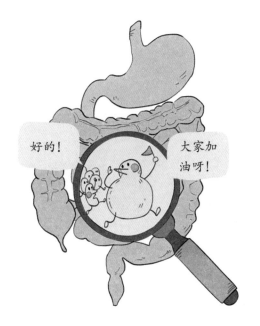

比如，肠道中就有大量的细菌，能帮助我们消化食物。

酵母菌等细菌也会赋予食物独特的风味，让我们餐桌的美味变得更加丰富。

 面包之所以蓬松香甜，就是酵母菌的功劳！

别说了，我口水都滴下来了……

细菌的发现，解释了人类许多疾病产生的原因，以及食物为什么会腐败，人类才得以解决许多由细菌带来的问题。同时，人类在生产、生活中广泛地利用细菌，大大提高了生物、科技等方面的发展水平。

立志、工作、成功，是人类活动的三大要素。

路易·巴斯德

疫 苗 1796 年

● 发明路径　天花肆虐欧洲 → 挤奶工的发现 → 詹纳研制出疫苗
↓
巴斯德揭示疫苗原理

14世纪的欧洲，伴随着科技的发展，人口开始大幅增长。与此同时，鼠疫、伤寒、天花、霍乱等十几种令人胆寒的恶性传染病开始肆虐。

好可怕呀，到底是怎么回事？

就是"病毒"这个家伙在搞鬼，病毒悄悄地跑进人的身体，到处使坏，危害人类的身体！

我们要在这里定居！

当病毒潜入细胞中，做尽坏事，还自我复制了千千万万的病毒兄弟。

报告，出现敌人，我们已经寡不敌众！

快去向友军T细胞求援！

这时细胞里的防卫部队——白细胞才发现有敌人入侵，但病毒众多，为时已晚。

这叫作"斩草除根"！

T细胞赶来增援以后，把已经感染了病毒的细胞全部杀死，切断了"病根"。

老实点儿，不许动！

等到病毒再来"进犯"，就会被免疫部队——B细胞发现，入侵计划失败。

这帮家伙一来，我们就逮住它！

通缉

这是因为，免疫部队早就掌握了病毒的"嫌疑犯"。只要病毒一进来，就会被消灭。

病毒中，天花的危害非常大，每次袭来都像野火燃烧荒地一样迅猛，会造成大量的人口死亡，医生们对此毫无办法。

太可怜了，呜呜！

唉，天花是死亡率最高的传染病之一，十分可怕。

感染了天花病毒的患者，在15~20天内的致死率高达30%！

18世纪，天花再一次席卷了欧洲，夺走了1.5亿人的生命。

就在人们都对天花恐慌不已的时候，英国的一名挤奶工却一点儿也不在乎，甚至大摇大摆地在街上活动！

这家伙胆子可真大！

在当时，有着得了牛痘就不会得天花的传闻。

这小子是不是疯了，不怕感染上天花吗？

我得过牛痘，就不会再得天花了，我不害怕！

咱们快走吧，离这家伙远点儿！

牛痘是一种症状和天花相似，但并不会致人死亡的病症。

这名挤奶工引起了医生爱德华·詹纳的注意。他亲自去养牛场与挤奶工交流，发现确实有许多得过牛痘的挤奶工，他们真有人从来没有得过天花！

詹纳大胆地推测，牛痘就是天花的"克星"！

 牛会不会染上天花呀？　　　不会，天花基本上都只在人类间传播。

1796年5月，詹纳做了一个备受争议的实验。

随后，牛痘疫苗成为了预防天花的"灵丹妙药"。在詹纳的努力推广下，天花的发病率迅速下降。到了20世纪80年代，世界卫生组织宣布天花已经在地球灭绝，它成为唯一一种被人类消灭的传染病。

尽管已经攻克了天花，可是詹纳对于其他的传染病却束手无策。

19世纪90年代，法国科学家路易·巴斯德在研究治疗霍乱病的时候，有了新的发现。

巴斯德发现，将放置了一周毒性减弱的霍乱毒液注射到鸡身上，鸡在产生轻微的霍乱症状后，慢慢就会痊愈，之后又注射毒性很强的霍乱毒液也没再感染病。

经过反复测试，巴斯德终于得出结论：

| 一种微生物能让动物生病。但动物如果提前接触毒性不强的微生物。 | 它只会让人小病一场。 | 康复之后，就会对这种微生物产生抵抗力。 |

这也正是现代疫苗的基本原理，所以我们注射的疫苗，其实是经过加工的病毒哦。

巴斯德通过这套理论，成功研发出鸡霍乱、炭疽病、狂犬病等病毒的疫苗。他成为第一个发明人工培养，并能稳定生产疫苗的科学家。

到现在，疫苗为人类筑起了一道道预防疾病的绿色屏障，让千千万万的人免受传染病的侵扰。

恐龙化石 1822 年

● **发现路径**　发现牙齿化石 → 建立化石与恐龙的联系 → 还原出史前恐龙谱系
↓
恐龙化石的意义

众所周知，在人类还未出现的远古时代，曾经出现过许多动物，这些远古时期的动物交替主宰着我们生活的地球。

这其中，恐龙毫无疑问是最具代表性的"明星"。可你知道，人类是如何知道恐龙曾经存在的吗？

 当然是化石了，这我知道！

说得轻巧，那是科学家们花了很大的努力才得出的！

● **你知道化石是怎么形成的吗？**

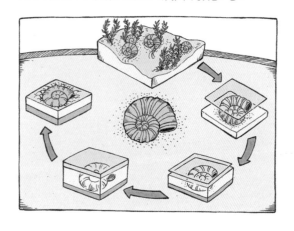

早在1000年前，人类就已经发现恐龙化石了。在当时，人类把它当作是神话传说中"龙"的骨头。

后来，有人把恐龙化石当作一种药材，用来治疗疾病。

 那不就是一块石头吗？还能治病？

 你可不要小瞧古人的智慧！

恐龙死后，迅速被细软的沙土埋葬在地下，地下水中丰富的无机盐与骨骼进行化学置换。久而久之，遗体中的有机质分解殆尽，坚硬的部分如骨骼等与包围在周围的沉积物一起经过石化变成了石头。经过千万年的地壳运动，深埋在地底的化石又重新露出地面，终于被人们发现。

世界上哪有龙呀，这帮人可真笨！

严肃点儿，不要打扰人家祭祀！

恐龙化石真正有记载的发现，是在19世纪的英国。这其中还有一段美丽的故事呢。

我最爱听故事了，快讲讲！

走，咱们去200年前的英国去看看吧！

19世纪，英国的一个村庄里，住着一名叫曼特尔的乡村医生。除了治病救人，他最大的爱好就是收集各种古生物化石。连他的画家妻子玛丽安也乐在其中。

1822年3月的一天，外出给病人看病的曼特尔医生自早上出门后，到天快黑还没有回家。

曼特尔夫人十分担心丈夫，就披上衣服出去寻找曼特尔医生。

路过一条新修的公路旁时，曼特尔夫人突然发现，裸露的岩石里有一些奇怪的东西。她好奇地走近去看。

曼特尔夫人惊讶地发现，这些奇怪的东西很像是什么动物的牙齿。可它们又实在太大了，她也分辨不出来，就把这几块牙齿状的石头带回家。

过了一会儿，曼特尔医生回到家中，他同样也被这些巨大的牙齿惊呆了。

我的天，夫人，这肯定是什么了不起的发现！

曼特尔医生把这些牙齿拿给科学家看，却没有人能够解释清楚。

曼特尔没有灰心，他将化石带到伦敦皇家学院博物馆，惊喜地发现，手中的化石和博物学家收集的鬣蜥（liè xī）的牙齿非常相似。

经过仔细对比后，曼特尔认为这些化石属于已经灭绝了的古代爬行动物，并在1825年把它命名为"鬣蜥的牙齿"，中文翻译为"禽龙"。

恐龙难道和蜥蜴是本家？

不是！它们只不过都是爬行动物而已，没什么联系的！

● 经过复原的禽龙

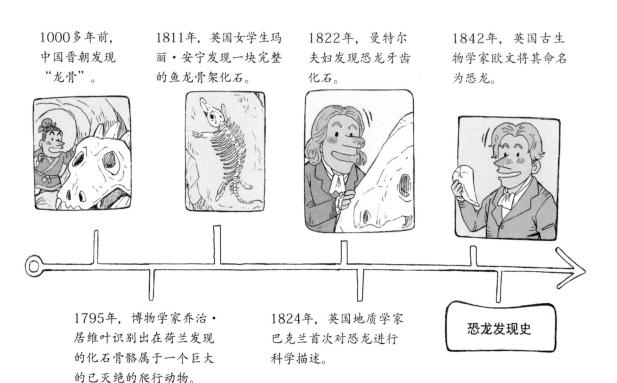

1000多年前，中国晋朝发现"龙骨"。

1811年，英国女学生玛丽·安宁发现一块完整的鱼龙骨架化石。

1822年，曼特尔夫妇发现恐龙牙齿化石。

1842年，英国古生物学家欧文将其命名为恐龙。

1795年，博物学家乔治·居维叶识别出在荷兰发现的化石骨骼属于一个巨大的已灭绝的爬行动物。

1824年，英国地质学家巴克兰首次对恐龙进行科学描述。

恐龙发现史

科学家们根据发现的化石，逐渐
还原出史前地球上生存着的生物。

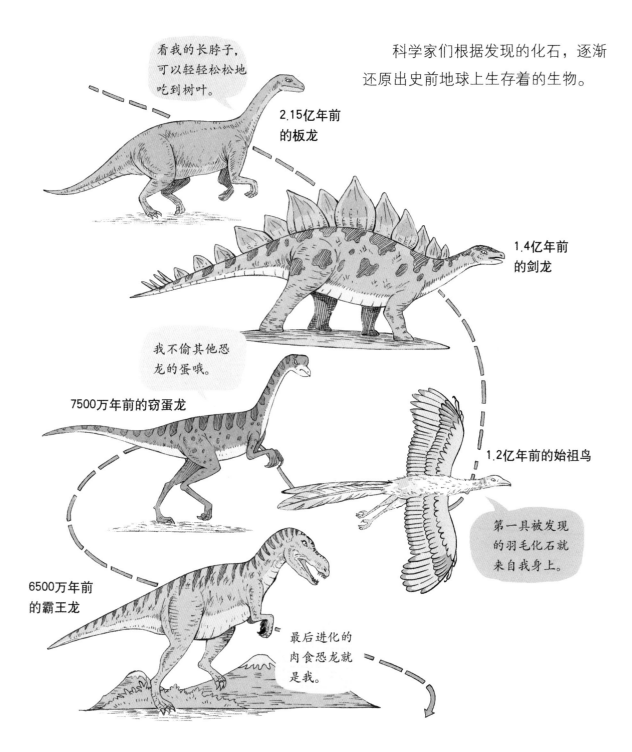

化石是宝贵的自然文化遗产，是过去生物演化独一无二的历史线索。不同时期的不同生物化石汇聚在一起，绘制出了地质历史的"生命之树"。

通过化石，古代生物世界就能被栩栩如生地再现给世人。从老到新的地层中所保存的化石，清楚地描绘了生命从无到有、生物构造由简单到复杂的一幅生物演化的图画。

进化论 1859 年

● 发现路径　物种起源的几种传说 → 达尔文航行世界 → 进化论的提出
　　　　　　　　　　　　　　　　　　　　　　　　↓
　　　　　　　　　　　　　　　　　　　　进化论的不断完善

"我们从哪里来？" 小朋友你是不是也问过这个问题？

在遥远的古代，人们相信世间所有的动物、植物都是由神创造的。

在中国的神话故事中，世界是由盘古所创造的，而人类是由女娲用泥土创造的。

在西方，则流传着上帝创造万物的传说，人类曾经对此深信不疑。

每个人都是从妈妈肚子里来的。

那最早的人类呢？你知道吗？

1809年2月，一个叫达尔文的英国小男孩出生了。

达尔文是个聪明机灵的孩子，从小学习成绩就非常好。课余时间，达尔文对于大自然的一切都非常感兴趣，立志要成为一名科学家。

1831年，"贝格尔号"军舰准备环游世界。凭借着在大学的优异成绩，年轻的达尔文被邀请同行，负责一路上的科学考察。

这次航行，改变了达尔文的一生。

贝格尔号一走，就是5年之久。在这期间，每到达一个港口，达尔文都要上岸考察，一路上收集了许多岩石、动植物标本。

一路上的见闻，让达尔文开始对于世间万物的起源有了新的思考。回到伦敦以后，达尔文马上开始了研究。

25

1859年，达尔文写出了《物种起源》。在书中，达尔文提出了进化理论。

达尔文认为，物种是通过自然选择，自动变化发展的，后来这一理论被总结为"适者生存"。

比如，熊猫为了吃竹子更方便，进化出了第六指"伪拇指"籽骨，用来抓握食物。

籽骨

快跟上啊，要不然可就没有吃的了！

我实在游不动了，我要歇一会儿……

海洋中的许多鱼类，在食物明显不足的情况下，仍然大量繁殖后代，这其中的一部分后代顽强地生存了下来，达尔文认为这就是"生存竞争"，只有最适合生存的动物才能生存。

我好像明白了，脖子短的长颈鹿因为吃不到树叶，所以被淘汰了。

所以它们才叫"长颈鹿"呀。

30

进化论很快引起了全世界的轰动，许多虔诚的教徒都对达尔文十分不满，认为达尔文是在胡说八道，因此对达尔文群起而攻之。

他们居然威胁杀死达尔文，太可怕了吧！

在当时，教会可是拥有着极大的势力呢！

后来随着基因的发现，人们开始从更科学的角度解释进化论。

比如拥有长尾巴的雄性野鸡更容易吸引雌性，那么长尾巴的基因会更多地被传递下来，而且随着世代相传，雄性的尾巴不断变长。

进化论解开了人类思想的枷锁，它不仅回答了物种的起源和进化问题，而且还告诉人们，世界的万物都是可以演变和进化的。这是在牛顿之后，又一次让人类认识到，要用发展的眼光来看待世界。

竞争者，进化之母也。

梁启超

27

基因和 DNA 1865 年

● 发现路径　农民培育优质牲畜 → 孟德尔豌豆实验 → 孟德尔发现基因遗传定律
↓
沃森、克里克发现DNA复制原理

每一个小朋友的身上，多多少少都能看到父母的"影子"，这是为什么呢？

种瓜得瓜，种豆得豆呗。

你说对了，植物也是一样的！

孩子的头发随我，真好看！

肤色随我，有点儿黑……

这样的疑问，同样也困扰着人类。

19世纪初，科学家已经能够通过杂交来得到更加优良的牲畜，但是仍然无法解释其中的原理。

科学家，你在它身上施了什么魔法？

这个，我也没办法解释……

这只羊这么肥，以后我也要养！

一名来自奥地利、名字叫作孟德尔的修道士，决心要解开这个谜团。

孟德尔从小就热爱大自然，他对于"龙生龙、凤生凤"的自然规律十分好奇，就决定在豌豆的身上做研究。

咱们小点儿声，不要吵到他。

来追我呀！

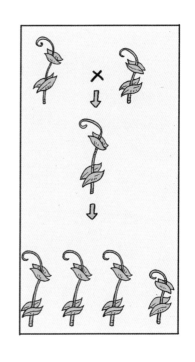

从1856年开始，一直到1864年，孟德尔反复地在做豌豆的杂交试验。

八年的时光没有白费，孟德尔终于发现，豌豆的身体内，有着能够决定下一代性状的"遗传粒子"，并于1865年发表。

自此，人类发现了"基因"。

后来，人们把孟德尔称作"现代遗传学之父"。

那基因到底是个什么东西呢？

基因是遗传的基本单位，生物的性状特征就是通过基因一代代传递下去的，每个人类大约携带两万个基因。

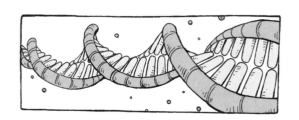

什么？居然三十多年前就有人发现基因的奥秘？我的实验算是白做了……

当时，并没有人重视孟德尔的这一伟大发现。直到1900年，有3位科学家在查阅文献时，发现了35年前孟德尔发表的论文，这才让孟德尔的成果重见天日。

 那么，基因到底是怎么"工作"的呢？

这就要提到一个新的概念——DNA。

DNA的"大名"叫作脱氧核糖核酸，它是藏着遗传密码的"保险箱"。

到了1953年，遗传学再次迎来了新的转折。这一年，詹姆斯·沃森和弗朗西斯·克里克两名科学家发现了DNA的结构——双股螺旋结构。

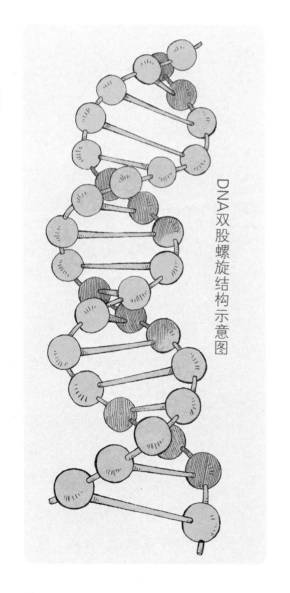

DNA双股螺旋结构示意图

沃森和克里克成功解释了基因是怎样携带信息的。原来，每个基因都是DNA的一个片段，而DNA则通过复制来传递遗传信息。

 是不是就像梯子一样？

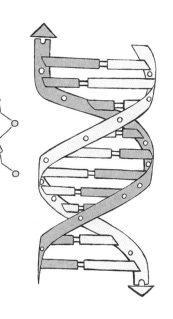

随着人类对于基因和DNA了解的不断深入，发现了很多疾病都具有遗传性，促进了遗传性疾病的预防和治疗。

越来越多的科学家破译了遗传密码，人们对遗传机制有了更深刻的认识。现在，人们已经开始向控制遗传机制、预防遗传疾病等更大的造福人类的工作方向前进。

现在我也掌握了遗传的"密码"喽！

天才意味着一生辛勤的劳动。

 孟德尔

谦虚一点儿，你不懂的地方还多着呢。

维生素 1906年

● 发现路径　坏血病的治愈 → 脚气病的研究 → 发现维生素 → 维生素的意义

500多年前，航海家哥伦布探索新大陆时，曾出现了一件怪事。水手之间流传着一种怪病，生病的水手浑身无力，牙齿很容易出血，严重的甚至会死掉，这种病就是坏血病。

那还不赶快去医院看病？

当时的船航速很慢，水手们经常几个月甚至几年都在船上度过！

一直到了18世纪，人类发现坏血病与饮食有着直接联系，橘子、柠檬等蔬果可以治疗和预防坏血病。

当时船上不容易贮存水果，水手们基本上都是吃面包、豆子。

水手们平时怎么不吃呢？橘子多好吃！

尽管到后来坏血病被攻克了，但是当时谁也没法解释，这到底是怎么回事。

● 维生素是怎么被发现的呢？

时间来到1886年，年轻的荷兰军医艾克曼来到印度尼西亚的爪哇岛。

当时，岛上的居民正流行严重的脚气病。得了脚气病的人身体酸软，在几天或几小时内就会死掉，就连岛上的动物也不能幸免。

艾克曼为了找到病根，尝试了无数种方法，但是都失败了。就在艾克曼灰心丧气的时候，他发现了这其中的秘密……

注意了！脚气病可不是现在常见的真菌感染的脚气哦！

沮丧的艾克曼把喂鸡的工作交给助手。

几天后，奇迹出现了！实验室的鸡竟然不治而愈。

糙米

带银皮（稻米最外面的薄层）的米就叫"糙米"。经过碾磨，银皮会被去除，这样的米就是"精米"。

原来艾克曼以前都用精磨的白米喂鸡，而助手却用未经碾磨的糙米来喂鸡。

难道糙米有什么神奇之处？

精米

1906年，艾克曼得出结论，糙米中含有一种健康所必须的物质，可以治疗脚气病。

看来我以后也要多吃粗粮了！

我也不能再挑食了……

治疗脚气病的物质就藏在糙米的银皮中！

这种物质是生物必不可少的微量营养成分，需要通过饮食来获得。

1912年，波兰化学家冯克把这种微量物质叫做"维生素"，从此这个名字就沿用了下来。

发现维生素的第一人。

克里斯蒂安·艾克曼

随着科学技术的发展，越来越多的维生素开始被人类发现、熟知，为了方便区分，科学家们用英文字母来给它们命名，比如坏血病的"克星"就叫作维生素C。

这么多种维生素，看的我头都晕了……

看着是挺多的，但是哪怕少了一样，就会危及到身体的健康！

 维生素 B₂

奶类　　　　动物性食物　　　全谷杂豆

 维生素 B₃

鱼禽类瘦肉　　花生、花生酱、蘑菇

 维生素 B₆

绿叶蔬菜　　干的菌菇类　　豆子大家族　　鱼禽、瘦肉

 维生素 B₁₂

鱼、禽、奶、蛋、肉

 维生素 A

肝脏　　　蛋黄　　　橙、红色果蔬　　　薯类　　　深绿色蔬菜

 维生素 D

　　　 维生素 K 　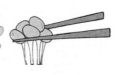

肝、蛋黄、深海鱼　木耳、香菇　　额外补充　　　　绿叶蔬菜　　日本纳豆

 维生素 E

　　维生素 C 　　

坚果　　　　大豆　　　　　　新鲜蔬菜　　新鲜水果

　　维生素的发现和利用是人类战胜疾病的一个里程碑，也是人类医学和医药史上的一个重大成就，对人类的生存状况的改善，和总体健康水平的提高有着十分重要的意义。

与其常服药饵，不如按季节变更食物。

弗朗西斯·培根

青霉素 1928 年

● 发现路径　　弗莱明偶然发现青霉素 → 成功提取出青霉素 → 青霉素的实验成功
↓
青霉素的广泛应用

自从19世纪后期，细菌被人类发现以后，人类就没有停止与这个躲在暗处、危害人类健康的敌人"战斗"。尽管付出了惨痛的代价，人类还是没有取得胜利。

 细菌这家伙，别看个头儿小，力气可大着呢！

 是呀，它夺走了太多无辜的生命了。

20世纪初，第一次世界大战爆发，许多伤员由于医疗卫生器械消毒不彻底，细菌偷偷从伤口处"潜入"，加重了伤情，有些严重的人甚至会失去生命，医生对此也没有好的办法。

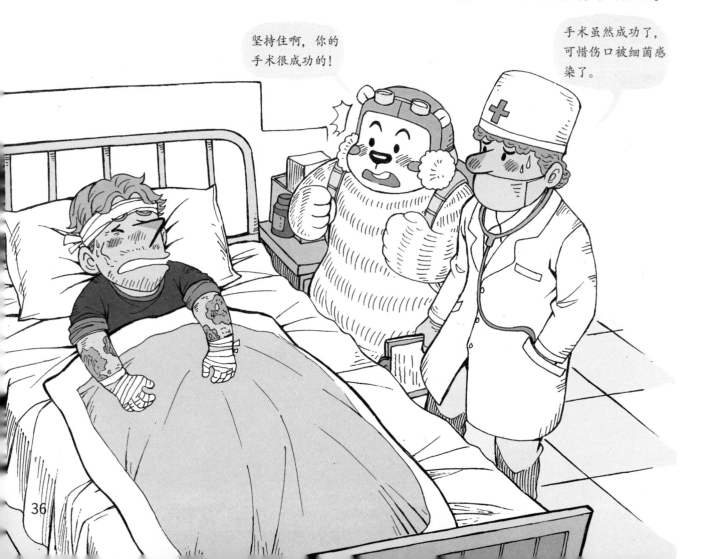

坚持住啊，你的手术很成功的！

手术虽然成功了，可惜伤口被细菌感染了。

细菌"不可一世"的嚣张气焰终于在1928年发生了转变。

这一年，一名叫亚历山大·弗莱明的英国医生在无意之中，有了了不得的发现……

经过反复的试验，弗莱明确定，霉菌中具有能够杀死细菌的元素，就给它取了一个名字叫"青霉素"。

可惜的是，由于青霉素在霉菌中的含量非常稀少，且难以提取出来，所以青霉素在当时并没有派上太多用场。

一直到十年后的1939年，牛津大学的病理学家弗洛里与生物学家钱恩终于成功地提取出了青霉素。

 太好了，快拿去救人吧！

别急，还是先拿小白鼠做实验吧！

恭喜你，你的病已经好得差不多了！

在老鼠身上试验成功后，科学家开始用青霉素为一名患有败血症的病人治疗。病人的病情由此大大好转，青霉素对于人类果然适用！

败血症是一种由病菌侵入血液引起的疾病。

我是不是要死了？

放心吧，青霉素会治好你的！

很快，青霉素被大量应用在了当时已经爆发的第二次世界大战当中，挽救了无数同盟国伤员的生命。

1945年，为了表彰对于青霉素的发现、提取和应用，弗莱明、弗洛里和钱恩共同获得了诺贝尔医学奖。

青霉素的出现，完全改变了人类与传染病之间生死搏斗的历史，医生们用它对付困扰了人类上千年的感染问题，从此人类的平均寿命大大延长。

同时，青霉素的发现推动了当代庞大的医药工业。直到今天，青霉素仍然是医生们抗击细菌的强大武器。据专家推测，青霉素已经拯救了数千万人的生命。

不要等待运气降临，应该去努力掌握知识。

亚历山大·弗莱明

克隆技术 1996 年

● 发明路径　杜里舒成功复制海胆 → 克隆概念的提出 → 克隆羊诞生
　　　　　　　　　　　　　　　　　　　　　　　　　　　　↓
　　　　　　　　　　　　　　　　　　　　　　　　克隆技术的应用

德国哲学家莱布尼茨说过一句流传很广的名言："世界上没有完全相同的两片树叶。"

这句富含哲理的话，揭示了一个自然界的基本原则，那就是多样性。

聪明的你已经知道，不同个体之间是存在差异性的，就算是双胞胎，也总能找到不一样的地方。

左边的人好像耳朵要大一点儿。

我不信，肯定会有一模一样的树叶的！

只要够仔细，总能找到不同的。

别找啦，你是找不到相同的树叶！

自从孟德尔揭开了遗传的神秘面纱后，全世界各地的科学家纷纷投入到了对于遗传的研究当中。

别说遗传了，生命是怎么诞生的我还不太清楚呢……

每个生命的诞生，都是一次细胞内的"奇迹"！

一个生命的诞生：两个生殖细胞的合体

当父体内的精子（生殖细胞）和母体内的卵子（生殖细胞）结合时，精子会把自己一半的DNA"送给"卵细胞。

就这样，卵细胞拥有了完整的遗传信息，形成了受精卵。

受精卵不断分裂、增多，就形成了胚胎。

一段时间后，一个新的小生命就出生了。

早在19世纪末，科学家们就开始思考，如果不通过生殖细胞的结合，能不能创造出新的生命呢？

1891年，德国科学家杜里舒成功制造出了两个一模一样的海胆幼体。

快点儿分开，我手都酸了！

海胆胚胎分裂实验

我从希腊语中，给这种生物技术找了个好名字，叫"克隆"！

渐渐地，蝾螈、青蛙等越来越多的动物被人类成功地"复制"出来。

1963年，苏格兰科学家霍尔丹把这种无性生殖的生物技术取名叫"克隆"。这个好听又好记的名字，后来被广泛使用。

科学世界是无穷的领域，人们应当勇敢去探索。

童第周

1996年，克隆再次迎来了重大的突破。

这一年，英国苏格兰爱丁堡的几名科学家成功复制出了一只小羊，科学小组的领导伊恩·威尔莫特把这只克隆羊叫作"多莉"。

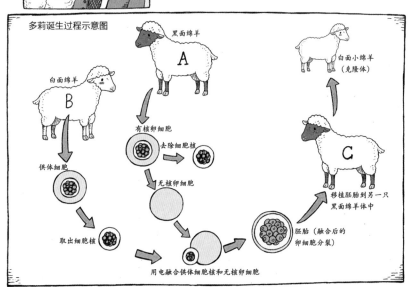

多莉诞生过程示意图

黑面绵羊 A

白面绵羊 B

有核卵细胞

去除细胞核

无核卵细胞

供体细胞

取出细胞核

用电融合供体细胞核和无核卵细胞

胚胎（融合后的卵细胞分裂）

移植胚胎到另一只黑面绵羊体中

白面小绵羊（克隆体）

C